—— 2022 年 ——

山东省海洋经济发展报告

山东省发展和改革委员会　山东省海洋局　编

海洋出版社

2023 年 · 北京

图书在版编目（ＣＩＰ）数据

　　2022年山东省海洋经济发展报告/山东省发展和改革委员会，山东省海洋局编. -- 北京 : 海洋出版社，2023.9
　　ISBN 978-7-5210-1168-5

　　I. ①2… II. ①山… ②山… III. ①海洋经济—区域经济发展—研究报告—山东—2022 IV. ①P74

中国国家版本馆CIP数据核字(2023)第178914号

2022年山东省海洋经济发展报告
2022NIAN SHANDONGSHENG HAIYANG JINGJI FAZHAN BAOGAO

责任编辑：赵　娟
责任印制：安　淼

海洋出版社 出版发行
http://www.oceanpress.com.cn
北京市海淀区大慧寺路8号　邮编：100081
鸿博昊天科技有限公司印刷
2023年9月第1版　2023年9月北京第1次印刷
开本：787mm×1092mm　1/16　印张：4.5
字数：52千字　定价：55.00元
发行部：010-62100090　总编室：010-62100034
海洋版图书印、装错误可以随时退换

《2022年山东省海洋经济发展报告》
编委会

编辑委员会

主　　任：张建东　王海林

副 主 任：王仁堂　李焕军

编 写 组

主　　编：褚民生　岳建如　张秀珍

副 主 编：孙兆胜　项国峰　苏庆猛　孟庆国　于　宁

　　　　　代　天　王　瑾　陈　超　孙　韵　苗　萌

参编人员：（以姓氏笔画为序）

　　　　　王　璐　王心韵　王晓丽　尹思源　包　琦

　　　　　曲姚姚　朱　翡　刘婷婷　关纯安　孙贵芹

　　　　　苏德瑶　杜冰青　杜浩哲　李晓慧　杨舒涵

　　　　　张　娟　张潇文　陈　川　陈进斌　陈丽竹

　　　　　姚芳斌　徐玉慧　崔　潇　梁　牧

前　言

　　2022年是党和国家历史上极为重要的一年。面对复杂严峻的国际环境和艰巨繁重的国内改革发展稳定任务，山东省坚持以习近平新时代中国特色社会主义思想为指导，坚决贯彻党中央决策部署，扎实推进党的二十大精神落地落实，始终牢记习近平总书记"走在前、开新局"殷殷嘱托，以及山东要更加注重经略海洋的重要指示，迎难而上，创新实干，高效统筹疫情防控和海洋经济高质量发展，锚定"海洋经济走在前"的工作目标，坚持"一核引领、三级支撑、两带提升、全省协同"的发展布局，开展新一轮海洋强省建设行动，加快建设世界一流海洋港口、积极构建现代海洋产业体系、坚决筑牢蓝色生态屏障，全省海洋经济顶住压力持续增长，稳中向好、进中提质势头不断巩固。

　　为全面反映山东省海洋经济发展情况，山东省发展和改革委员会、山东省海洋局共同组织编写了《2022年山东省海洋经济发展报告》（以下简称《报告》）。《报告》以山东省海洋经济、海洋产业年度发展为核心，同时涵盖支撑海洋经济发展的海洋科技创新、海洋生态文明建设、海洋开放合作、海洋综合治理，全面展现全省海洋经济高质量发展成效。

　　《报告》编写得到了山东省省直有关部门、沿海市海洋主管局的大力支持，在此表示感谢。

编委会

2023年8月

目　　录

第一章

山东省海洋经济发展总体情况

2022 年是党的二十大胜利召开之年，也是实施海洋经济"十四五"规划的关键一年。全省上下认真贯彻落实习近平总书记关于山东要更加注重经略海洋的重要指示，坚持陆海统筹、向海图强，积极推进"十大创新""十强产业""十大扩需求"海洋领域重点任务，深入实施海洋强省建设行动，加快抢占海洋产业发展制高点，打造全国海洋经济引领区，海洋经济总体呈现平稳发展态势，发展质量稳步提升。

海洋经济综合实力显著提升　2022 年全省海洋生产总值首次突破 1.6 万亿关口，达到 16 302.9 亿元[①]（图 1-1），比 2018 年增长28.8%[②]，比上年增长 7.6%，高于全国海洋生产总值现价增速 1.9 个百

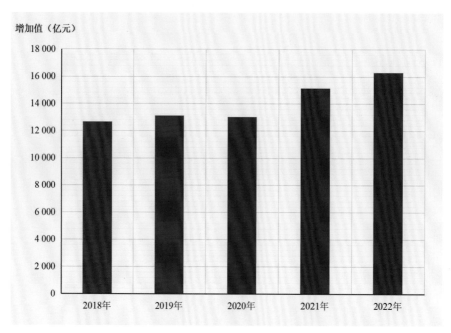

图 1-1　2018—2022 年山东省海洋生产总值

[①] 本报告中涉及的海洋生产总值、海洋产业增加值数据均为《海洋及相关产业分类》（GB/T 20794—2021）下自然资源部反馈数据。相关数据后续调整以自然资源部最终核实反馈为准。

[②] 本报告除特殊说明外，增速均为现价增速。

分点，高于全省地区生产总值现价增速 2.1 个百分点，占全国海洋生产总值的 17.2%，占全省地区生产总值的 18.6%。对全国海洋经济和全省经济增长的贡献率分别达到 22.5% 和 25.2%。海洋渔业、海洋水产品加工业、海洋矿业、海洋盐业、海洋化工业、海洋电力业、海洋交通运输业 7 个海洋产业增加值位居全国第一。

海洋产业结构进一步优化 海洋第一、第二、第三产业增加值占海洋生产总值的比重分别为 5.7%、44.0% 和 50.3%（图 1-2），与 2018 年相比海洋第二产业比重提高 3.2 个百分点。其中，以海洋水产品加工业、海洋化工业、海洋药物和生物制品业、海洋船舶工业、海洋工程装备制造业为代表的涉海制造业增加值占海洋生产总值的比重较之 2018 年提高 1.1 个百分点，先进制造业强省战略在海洋领域效果显现；以海洋药物和生物制品业、海水淡化与综合利用业等为代表的海洋新兴产业持续发展，占海洋产业增加值的比重与 2018 年相

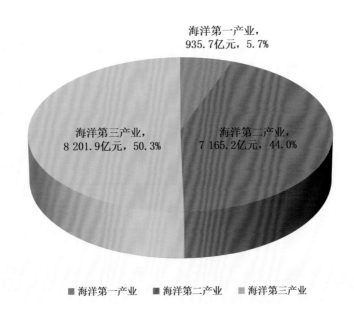

海洋第一产业，
935.7 亿元，5.7%

海洋第三产业，
8 201.9 亿元，50.3%

海洋第二产业，
7 165.2 亿元，44.0%

■ 海洋第一产业　■ 海洋第二产业　■ 海洋第三产业

图 1-2　2022 年山东省海洋三次产业增加值及占海洋生产总值比重

比提高 0.6 个百分点；为海洋经济发展提供源动力的海洋科研教育增加值占海洋生产总值的比例由 2018 年的 4.4% 提高至 2022 年的 5.6%（图 1-3）。

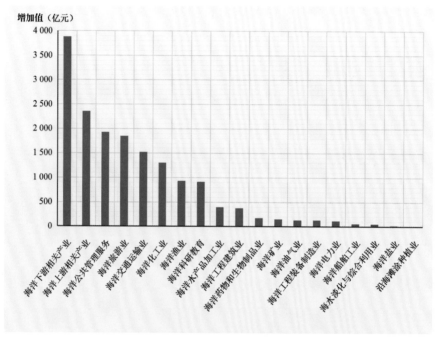

图 1-3 2022 年山东省海洋及相关产业增加值

世界一流港口建设再上新台阶 全省港口一体化改革成效明显，世界一流港口建设全速推进。2022 年，山东沿海港口货物吞吐量达 18.9 亿吨，首次超过广东跃居全国第一位，同比增速高于全国沿海港口货物吞吐量增速 4.5 个百分点。沿海港口集装箱吞吐量 3 757 万标准箱，同比增速高于全国沿海港口集装箱吞吐量增速 4.4 个百分点。水路货物周转量 4 464.2 亿吨千米，同比增长 59.3%，增速位居全国第一。海外航线全面拓展，全年新增海向航线 37 条，其中外贸航线 31 条。数字化转型步伐加快，智慧港口大脑平台等系统不断取得突破，开创智慧绿色港口建设新局面。港产城融合发展扎实推进,项目投资资金累计达 1 337 亿元,促进港口、产业、城市相互支撑整体发展。

海洋资源要素保障持续巩固 "蓝色粮仓"供给稳步提升,全年海水产品供应 763.8 万吨,同比增长 3.2%,新增国家级海洋牧场示范区 8 家,为沿海地区之最。海洋油气能源供给稳定,海洋原油、天然气产量分别为 358.28 万吨、1.58 亿立方米。海洋清洁能源增势强劲,2022 年新增海上风电装机容量 200.5 万千瓦,年度上网电量 16.51 亿千瓦时。海水淡化扩产增能,年产淡水能力超 2.2 亿吨,有效保障了沿海缺水城市水资源稳定供给和海岛用水安全。全力保障重大项目用海,批复山东裕龙石化有限公司碳五碳九综合利用等 9 个项目用海。

海洋科技支撑更加有力 高水平海洋科技平台建设持续推进,国家深海"三大平台"(国家深海基因库、国家深海大数据中心、国家深海标本样品馆)纳入国家重大工程项目清单,海洋领域唯一的国家实验室——崂山实验室获批组建,海洋领域首个冷冻电镜中心在青岛海洋科学与技术试点国家实验室建成并全面对外开放共享,国家海洋综合试验场(威海)基础及配套设施建设加快推进,成功争取 2.66 亿元的政策基金支持,累计承接各类试验任务 100 余项。东亚海洋合作平台实体化建设取得重大进展,联合国"海洋科学促进可持续发展十年"国际合作中心获自然资源部正式复函,同意部、省、市三方共建。强化标准供给,5 项急用先行地方标准发布实施,16 项省级标准化项目获批立项,"省海洋国际标准创新中心"获批,成为全省首批 32 个创新中心中唯一的国际标准创新平台。

绿色低碳发展深入推进 清洁能源开发利用进程加快,千万千瓦级海上风电基地建设全面推进,年度并网规模居沿海各省市第一。海洋船舶工业坚持绿色发展，全面推行绿色造船，落实船舶行业绿色制造规范与标准体系，引导企业向高效、低碳、循环方向发展。山东港口以绿色提亮港口高质量发展为底色，推广使用电、气、氢等清洁能源，清洁用能占比达 55%，建成全国首个港口加氢站，将发展氢能作为完成"双碳"目标的重要引擎。绿色生态渔业发展更加深入，10 个盐碱地水产养殖典型案例在全国推广，创建 12 处国家级水产健康和生态养殖示范区。

生态安全屏障稳步增强　开展黄河流域生态保护"十大行动"，扎实推进黄河流域重要支流"一河口一湿地"建设，黄河生态保护迈出坚实步伐。深入打好重点海域综合治理攻坚战，实施入海排污口整治和入海河流总氮治理，截至 2022 年底，全省已整治入海排污口 20 882 个，占全部入海排污口的 99.8%。全面实行"湾长制"，实现入海河流上下游责任共担、同频共振，共同保护海洋生态环境。严格落实全海域生态红线制度，组织实施海洋生态保护修复工程项目，累计整治修复岸线 36 千米、滨海湿地 5 200 公顷。2022 年，全省近岸海域优良水质比例总体保持在 90% 左右。

海洋发展战略高质赋能　《海洋强省建设行动计划》出台，新一轮海洋强省建设十大行动为海洋经济发展提供指引。《现代海洋产业 2022 年行动计划》《山东省船舶与海洋工程装备产业发展"十四五"规划》《山东省海水淡化利用发展行动实施方案》等相继印发实施，全省海洋经济发展战略进一步深化。《山东省"十四五"海洋科技创新规划》《支持沿黄 25 县（市、区）推动黄河流域生态保护和高质量发展若干政策措施》《山东省碳达峰实施方案》等陆续发布，科技、生态等领域战略出台为海洋经济发展提供有力保障。

第二章

现代海洋产业体系更趋完善

第一节　海洋传统产业提质增效

一、海洋渔业

2022 年，山东省海洋渔业实现增加值 934.6 亿元，位居全国第一，比上年增长 4.4%，比 2018 年增长 16.4%。

海水产品供给稳步提高　2022 年，全省海水产品产量 762.2 万吨，同比增长 3.0%。其中，海水养殖 556.1 万吨，同比增长 3.5%；海洋捕捞 168.8 万吨，同比减少 0.2%；远洋渔业 37.4 万吨，同比增长 10.8%（图 2-1）。海洋捕养比为 27∶73。

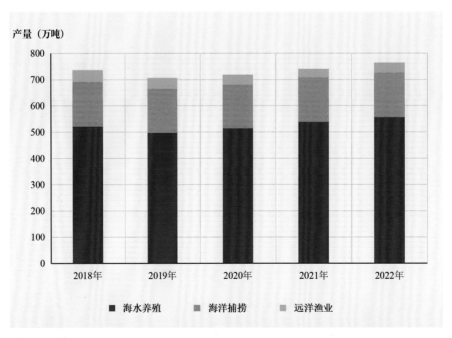

图 2-1　2018—2022 年山东省海水产品产量及构成
数据来源：《中国渔业统计年鉴（2019—2023 年）》

蓝色种业创新高质发展　全省 19 家企业入选国家水产种业阵型企业，数量位居全国第一。在全国率先遴选 26 家省级水产种业领军企业，安排专项资金 3.55 亿元，逐步健全以企业为主体的商业化育种体系。推进 1+N+N（1 个领军企业 +N 个专家团队 +N 个育苗企业）联合育种模式，协同 30 个制种科研团队、带领 70 家苗种繁育企业形成育种联合体，合力开展创新攻坚。栉孔扇贝"蓬莱红 3 号"等 7 个海水水产新品种经全国水产原种和良种审定委员会审定通过。山东好当家海洋发展股份有限公司与威海长青海洋科技股份有限公司分别新增为国家级刺参良种场和国家级海带、皱纹盘鲍良种场。

深远海养殖取得新突破　全球首艘 10 万吨级智慧渔业大型养殖工船"国信 1 号"交付运营并获批全国唯一深远海养殖工船运营试点，首个工船系列大黄鱼品牌"裕鲜舫"对外发布，1 000 吨高品质工船大黄鱼起捕上市。"深蓝 1 号"深水网箱完成全球首次低纬度养殖大西洋鲑规模化收鱼。全省投入运营重力式深水抗风浪网箱 2 200余个、大型深远海智能养殖装备 25 台（套），养殖水体超过 230 万立方米。其中，日照市布局实施"千箱工程"，建成深水抗风浪网箱 916 座，在建大型桁架式网箱 9 个（图 2-2）。烟台市"百箱计划"顺利实施，首批经海系列深水智能网箱里的"类野生"好鱼——经海黑鲪、经海花鲈收获。

绿色生态渔业发展更加深入　《2022 年山东省水产绿色健康养殖技术推广"五大行动"实施方案》出台，重点培育 80 处骨干基地，示范推广 10 项生态健康养殖模式、8 种水产养殖尾水处理技术模式，促进全省水产养殖绿色健康发展。2022 年度创建 12 处国家级水产健康养殖和生态养殖示范区，10 个盐碱地水产养殖典型案例在全国推广。全年安排中央专项和一般专项资金 3 亿元，实施 4.9 万亩[①]集中连片池塘标准化改造，推动养殖尾水资源化利用或达标排放。聚焦东营、潍坊、滨州盐碱地资源优势，安排股权投资 9 500 万元，支持工厂化循环水建设，新增养殖水体 50 余万立方米。

图 2-2　日照北部海洋牧场"千箱工程"示范区

海洋牧场建设持续推进　青岛、烟台、潍坊、威海、日照 5 市出台海洋牧场管理条例，为海洋牧场高质量发展提供法律保障。新

[①]亩为非法定计量单位，1 亩 ≈ 667 平方米。

认定 8 处（含青岛）国家级海洋牧场示范区和 9 处省级海洋牧场示范区，省级以上海洋牧场示范区达 139 处，其中国家级 67 处，占全国的 39.6%。海洋牧场建管水平进一步提升，全国首个海洋牧场综合管理平台"山东省现代化海洋牧场综合管理平台"项目建设完成。

远洋渔业政策体系不断完善　落实农业农村部印发的《关于促进"十四五"远洋渔业高质量发展的意见》《远洋渔业"监管提升年"行动方案》要求，持续推进"十四五"远洋渔业规范有序高质量发展，出台关于促进远洋渔业高质量发展的意见，在优化产业布局、延伸产业链条等方面给予一揽子政策支持，为远洋渔业持续走在前列提供了坚实的政策保障。加大对远洋渔业企业扶持力度，鼓励远洋渔船自捕鱼回运，青岛市印发《远洋渔业发展专项资金管理办法（试行）》，对新注册大型企业和自捕回运超低温金枪鱼企业给予资金补助。两艘金枪鱼围网远洋渔船顺利出航，填补了山东省民营远洋渔业企业金枪鱼围网捕捞作业的空白。2022 年，全省 44 家远洋渔业企业获得农业农村部远洋渔业企业资格。

渔业品牌建设走深走实　培育优质水产品特色品牌，黄河口大闸蟹入选首批"好品山东"品牌，"青岛对虾""青岛梭子蟹""青岛鲍鱼"获批国家地理标志证明商标。加大市场推广力度，成功举办"海水产品进内陆"暨"好品山东"渔业品牌全国推广系列活动和以"品山东远洋自捕、享蓝色饕餮盛宴"为主题的山东省远洋渔业专场推介活动，有力提升山东渔业品牌影响力。

二、海洋水产品加工业

2022 年，山东省海洋水产品加工业增势稳健，全年实现增加值 400.4 亿元，居全国首位，比上年增长 8.0%，比 2018 年降低 0.2%。

水产品贸易发展态势良好 全年水产品[①]进出口额 81.0 亿美元，同比增长 35.8%，其中出口额 37.6 亿美元，同比增长 24.0%。青岛市（自贸片区、上合示范区）农业出口企业联合体、青岛鲁海丰食品集团有限公司、山东美佳集团有限公司入选 2022 年农业国际贸易高质量发展基地。威海浦源食品有限公司入选 2022 年纳入国际贸易高质量发展基地管理体系名单。

水产品精深加工做大做强 以精细加工为特点的水产预制菜行业成为新的产业增长点，山东省人民政府《关于印发 2022 年"稳中求进"高质量发展政策清单（第三批）的通知》出台了一揽子政策大力支持预制菜行业发展，各地纷纷加快预制菜品类开发与加工项目建设。2022 中国水产品预制菜及新零售大会在济南开幕，水产品预制菜团体标准立项发布，助力产业高质量发展。威海荣成、烟台开发区、青岛西海岸新区、潍坊滨海开发区、日照高新区 5 个海产品精深加工产业集群不断发展壮大。

水产品流通系统不断完善 海上超低温冷藏运输加工不断发展壮大，用于高端远洋渔获的冷藏运输和海上加工的全国首艘超低温冷藏运输加工船"海洋之星"命名投用，有效解决了远洋渔获回运加工问题。

[①] 水产品包括 HS 编码 03、121221、121229。

中国北方（青岛）国际水产品交易中心和冷链物流基地建设顺利推进。国家首批 17 个骨干冷链物流基地之一的董家口经济区冷链物流中心路延长段工程完工。石岛冷链物流产业园入选 2022 年度山东省现代服务业集聚示范区。

三、海洋船舶工业

2022 年，山东省海洋船舶工业保持较高景气度，全年实现增加值 59.7 亿元，比上年增长 6.4%，比 2018 年增长 42.8%。

海洋船舶工业向更高水平跃升　全省船舶工业全年实现营业收入 630 亿元，同比增长 20%。造船完工量、新接订单量、手持订单量均位居全国前五位，新接订单量、手持订单量增速分别高于全国 7.5 个和 13.7 个百分点。船企平均生产保障系数约 3.4 年，超出全国水平 0.7 年，全省手持订单量超过 1 000 万载重吨，达到历史最好水平，重点企业手持订单超 500 亿元。多个高端船型订单数量全球领先，市场占有率高。北海造船累计交付 32 艘大型矿砂船，市场占有率持续保持全球第一位。黄海造船远洋渔船、大型豪华客滚船、1 800 标准箱集装箱船订单数量全球领先。招商局金陵船舶（威海）有限公司在汽车运输船和高端客滚船两个细分领域订单份额居全球前列。

绿色制造能力不断取得新突破　山东船舶制造瞄准"安全、绿色、经济、舒适"方向，推动产业变革和关键技术研发，坚定不移地走绿色发展之路，设计研发了一大批技术含量高、绿色低碳的高附加值船型。全球最大的 Y-Type 半潜式游艇运输船完成交付，该船符合 IMO Tier Ⅲ 标准，燃油效率提高了 32%。全球最大双燃料冰级滚装船正式出海交付（图 2-3），配置高效低排放的液化天然气（LNG）双燃料推进系统，助推船运绿色发展。北海造船甲醇双燃料动力纽卡斯尔型散货船设计获 ABS 原则性认可，应用绿色甲醇作船舶燃料，实现低碳排放。

图 2-3　双燃料冰级滚装船
图片来源：烟台中集来福士海洋科技集团有限公司

四、海洋化工业

2022 年，山东省海洋化工业跃居全国首位，全年实现增加值 1 304.6 亿元，比上年增长 6.9%，比 2018 年增长 62.8%。

产学研协同创新　山东省科学技术厅认定由山东海化集团有限公司牵头，联合沃顿科技股份有限公司等国内 7 家优势企业、高等学校和科研单位共同建设"山东省海卤水资源高效利用技术创新中心"，促进企业产学研协同创新，加快海卤水资源利用产业快速发展。海藻化工产品亮相2022NHNE中国国际健康营养博览会、首届中国（澳门）国际高品质消费博览会暨横琴世界湾区论坛、第二十一届国际染料工业及有机颜料、纺织化学品展览会等，山东省海藻化工产品认可度不断提升。

产业链一体化发展　以地下卤水为主，海水为补充，提高海卤水资源的集约化利用程度和生态经济综合效益，建立起上下游产品接续成链、关联产品复合成龙、资源循环综合利用为特色的海洋化工生态工业体系。潍坊市重点完善以碱、溴延伸产品为主导的海洋化工循环经济产业链，形成盐化工、溴素及深加工、苦卤化工、精细化工等上中下游一体化发展模式。东营市积极推动海洋精细化工产业发展，完善氯碱化工产业链条，形成以氯碱化工为主导的循环经济产业链条。

五、海洋矿业

2022年，面对恶劣天气等负面影响，海洋矿业企业苦练内功稳生产，全年实现增加值152.3亿元，位居全国首位，比上年增长18.7%，比2018年增长17.9%。

山东省地处世界重要的金矿成矿带和富集区，黄金资源得天独厚，自1975年以来产量连续47年位居全国第一。目前形成了集上游的黄金勘探、矿山设计，到中游的开采、选冶、精炼、尾矿综合利用，到下游的投资金条、珠宝首饰、金丝金盐等为一体的全产业链发展模式。焦家金矿黄金年产量突破 10 吨大关，成为全国第一产金矿山。新城金矿累计产金过百吨，成为全国第六座累计产金过百吨矿山。亚洲第一深竖井——三山岛副井工程开工建设，并连续 4 个月井筒掘砌破百米。一系列科技创新取得突破，带动产业高质发展。矿山井下无轨装备 VR 模拟实训基地顺利建成，在自主品牌设备配套定制 VR 模拟实训标准化培训上填补了国内行业空白。圆满完成基于 WiFi6Mesh 组网环境下的铲运机远控试验并成功试运行，这是国内首个基于 WiFi6Mesh 组网环境下完成的井下大型铲运设备远程控制应用。

六、海洋油气业

2022 年，山东省海洋原油和天然气产量分别为 358.28 万吨、1.58 亿立方米。海洋油气业全年实现增加值 130.7 亿元，比上年增长 65.0%，比 2018 年增长 65.4%。

渤海湾油气资源勘探开发力度继续加大，重大项目扎实推进。2022 年，胜利海上油田新增探明石油地质储量 774 万吨，新增预测石油地质储量 2 264 万吨，连续 8 年实现规模增储超千万吨；实施新区产能建设"埕岛油田埕北 208 块产能建设工程""埕岛油田埕北 30-306 块产能建设工程"和老区调整，全年投产新井 27 口，新建产能 25.5 万吨。渤海亿吨级大油田——垦利 6-1 油田最大区块 7 座平台全部完成海上安装（图 2-4），为渤海油田高质量开发按下"快进键"。海洋油气绿色开发再上新台阶，我国最大规模海上岸电应用项目导管架陆地建造在青岛完工，这是中国海洋石油集团有限公司实施推进大规模电能替代和建设智慧油田的重点项目，对于实现"双碳"目标具有重要意义。

图 2-4　埕岛油田埕北 208 平台钻井施工夜景

图片来源：中石化胜利油田海洋采油厂

七、海洋盐业

2022 年，克服冰雹及降雨带来的不利影响，各大盐场秋产原盐获丰收，海盐市场价格先抑后扬，波动较大，海洋盐业实现增加值 19.8 亿元，位居全国首位，比上年增长 8.8%，比 2018 年增长 17.9%。

海洋盐业大力实施龙头带动、市场开拓、产品升级、科技兴企、多元发展五大战略，一方面统筹推进疫情防控和生产经营，加大食盐产销储运等应急措施，做好保供稳市、服务工需民用等工作，另一方面，盐业企业严守诚信自律公约，积极履行社会责任，自觉维护市场经营秩序，行业生态不断优化，食盐质量和供应安全得到新加强。鲁银投资探索盐业复合发展的创新驱动路径，推动"传统盐业＋绿色能源"产业高效融合发展，150 兆瓦盐光互补光伏发电项目在莱央子盐场正式并网，项目投产后年均可提供 1.9 亿千瓦时绿色电能，可满足近 10 万户家庭 1 年的用电量，年可节约标准煤 5.9 万吨、减少二氧化碳排放 16.1 万吨，经济效益和环保效益显著。莱央子盐场利用盐碱地整合开发，先后建成鱼塘、虾棚和海水稻试验田，年内开垦 15 亩海水稻种植田，净产量在 1 万斤[①]左右，为下一步海水稻大面积种植提供依据。鲁盐集团受邀亮相第八届（济南）电子商务产业博览会，以"鲁盐·山海未来"为主题，通过现场宣讲与直播方式展示"'盐'＋创新发展""数字'盐'展未来"的发展理念，荣获"十佳电商产品""电子商务应用示范企业"奖项。

第二节　海洋新兴产业加速崛起

一、海洋工程装备制造业

山东省加大海洋工程装备研发力度，高端装备取得新突破，产业链供应链韧性和安全水平不断提升。2022 年，海洋工程装备制造业实

[①] 斤为非法定计量单位，1 斤 =0.5 千克。

现增加值 129.1 亿元，比上年增长 6.3%，比 2018 年增长 32.0%。

海洋油气装备领先地位持续巩固提升　我国建造规模最大、智能化程度最高的圆筒型浮式生产储卸油装置——企鹅 FPSO 完工交付（图 2-5），突破 5 项国内首次应用技术，实现 20 余项工艺创新，标志着我国全面掌握所有船型 FPSO 建造及集成总装技术，打响"山东海工"品牌。我国首个自主研发的浅水水下采油树系统开发项目在渤海海域锦州 31-1 气田点火成功，单井试采气量达 31 万立方米/天，可供 1 500 个家庭使用 1 年，打破中国海洋油气开发水下生产技术装备完全依赖海外进口的困境。

图 2-5　企鹅 FPSO（浮式生产储卸油装置）
图片来源：海洋石油工程（青岛）有限公司

海洋风电装备提升为资源利用提供有力保障　全球最大、最新一代风电安装船 Van Oord JUV BOREAS、自主设计建造的首艘 "3060" 系列 2 200 吨自升式风电安装船在中集来福士开工建造，助力海上风电产业可持续发展。全球单机功率最大的海上风电机组在东营海上风电装备制造产业园进行最后的装配工作，推动海上风电装备 "链式发展"。

深远海养殖装备激发渔业新动力　北海造船 10 万吨级全封闭游弋式大型养殖工船获得 "2022 年度船舶工业十大创新产品" 荣誉称号。向江河湖海要食物，亚洲最大的海洋牧场项目 "百箱计划" 已交付第 7 座桁架类养殖网箱，"经海系列" 7 座 "蓝色粮仓" 已投入运营，通过海洋工程装备技术嫁接渔业领域，助力海洋渔业走向深远海。

智能海洋工程装备不断迭代转型升级　中集来福士完全自主设计建造的高端方形船体自升式生活居住平台 GTA Hub QU 完成交付。我国首台自主研制的 1 500 米深海铺缆机器人成功海试，全套设备上千种零部件全部实现国产化，填补了国内空白。国际首套深海多通道拉曼光谱探测系统成功研制，在南海冷泉区搭建国际首套深海原位光谱实验室，为我国深海探测装备又添一利器。

二、海洋药物和生物制品业

2022 年，海洋药物和生物制品业快速增长，全年实现增加值 173.1 亿元，比上年增长 8.1%，比 2018 年增长 31.4%。

"蓝色药库" 开发计划稳步推进　青岛海洋生物医药研究院、中国海洋大学、正大制药（青岛）有限公司联合研发的免疫抗肿瘤海洋一类新药"注射用BG136"正式通过国家药品监督管理局审查，获得《药物临床试验批准通知书》。抗乙型肝炎病毒药物MBW1905、治疗急性髓性白血病药物MBL211、抗凝药物GS19等一批具有开发前景的重点研发药物临床前研究工作正在顺利推进。人生药业集团深度参与"蓝色药库"计划，两项产品经国家药品监督管理局批准开展临床试验。

海洋生物制品培育壮大　威海百合生物历经17年的不断积累与发展，成为保健食品行业主板上市第一股，"智慧工厂"投入试运营。滨州悦翔历时5年，成功注册全市首个海洋生物保健品海蕾DHA。青岛琛蓝健康"太通安蛤蜊肽"经过3年不懈探究成功上市。烟台瑞吉明生物深耕PDRN功效型原料领域，实现高品质量产，突破国外原料技术壁垒，填补了国内市场空白。东营市打造全国最大的海马干品药材原料供应基地，年繁育大腹海马200万头。

产业集群聚力发展　青岛市海洋生物医药产业集群入库"十强"产业"雁阵形"集群，加速形成涵盖生物制品、医药、医药耗材、医疗器械等领域的完整产业体系。烟台市生物医药产业集群被纳入国家级战略性新兴产业集群。威海市实施海洋生物与健康食品产业集群发展突破行动，出台支持海产品加工业、医药医疗器械产业等高质量发展政策清单，重点培植20家以上海洋生物头雁企业。

三、海水淡化与综合利用业

2022年，海水淡化与综合利用业稳步增长，产业规模不断扩大，全年实现增加值52.1亿元，比上年增长7.0%，比2018年增长77.2%。

协调优化保障机制　山东省海洋局、山东省发展和改革委员会联合编制出台《山东省海水淡化利用发展行动实施方案》，提出坚持统筹谋划、分类指导、集群发展、协调推进，构建"两区保障、多园融合、数点拓展、全省协同"的海水淡化利用发展布局。青岛市出台海水淡化项目奖补政策，最高奖补 1 000 万元，持续做优海水淡化与综合利用业。建立海水淡化产业发展工作协调机制，加强综合协调和指导，推动海水淡化产业发展。山东省海水淡化综合信息监测及评估服务平台建设完成，全国首家海水淡化产业研究院落地青岛，山东海水淡化与综合利用产业研究院入驻长清大学城，对于推进海水淡化科研创新和成果转化落地具有重要作用。

有序推进重点项目建设　青岛百发二期海水淡化工程、董家口热电联产海水淡化工程已建成并具备供水条件；小管岛海水淡化工程已建成并投入使用；东营港海水淡化项目、龙口裕龙岛海水淡化项目加快实施。全省已建成海水淡化工程 44 处，日产规模达到 60.32 万吨，海水淡化规模化利用水平不断提升。从用途来看，市政供水补充水源海水淡化工程 2 处，产能 23 万吨 / 天；工业园区补充水源海水淡化工程 2 处，产能 15 万吨 / 天；电厂、化工、冶金等自产自用海水淡化工程 18 处，产能 21.33 万吨 / 天；海岛保障居民用水海水淡化站 22 处，产能 9 955 吨 / 天。

深入推进海水淡化产业补链、延链　东营、潍坊、滨州等地区积极开展海水淡化浓盐水资源化利用的探索，逐步形成多品种、精细化、高附加值的海水资源利用产业发展格局。自然资源部天津海水淡化与综合利用研究所、潍坊市人民政府共建全国首家"海水综合利用研究中心",开展以海水淡化为基础的海水综合利用,推动产业向高端化、绿色化、智能化、融合化方向发展。

四、海洋电力业

2022 年,海洋电力业快速增长,全年实现增加值 118.4 亿元,比上年增长 12.7%,比 2018 年增长 47.8%。

积极稳妥推动海上光伏发展 山东半岛南 3 号海上风电场 20 兆瓦深远海漂浮式光伏 500 千瓦项目发电,成为全国首个开展深远海风光同场漂浮式光伏实证项目,验证了风光同场并网的技术可行性,为规模化推进海上漂浮式光伏打造标杆示范、开辟引领路径。

全面推进海上风电开发建设 山东能源电力集团渤中 A、B 两个场址 90 万千瓦海上风电场实现全容量并网发电(图 2-6),成为我国"十四五"重点建设五大海上风电基地最大规模全容量并网发电项目,每年可提供绿电超过 30 亿度,等效节约标准煤 92 万吨,等效减排二氧化碳 220 万吨。以渤中海上风电开发为切入点,总投资 259 亿元的东营海上风电装备制造产业园开工建设,成功签约上海电气、金雷股份等头部企业优质项目 21 个,带动一批产业链上下游项目落地。

深化海上绿电综合开发利用 统筹海洋能源资源开发利用,实现水上、水下综合立体开发,多个项目探索"海上风电 + 海洋牧场"融合模式。昌邑海洋牧场与三峡 300 兆瓦海上风电融合试验示范项目作

图 2-6　山东能源渤中海上风电 B 场址首台 EW8.5-230 机组吊装

为全国首个海上"风电、光伏、牧场"三位一体融合发展项目实现全容量并网发电，年可发电 9.4 亿千瓦时，年可替代标准煤约 29 万吨，减排二氧化碳 79 万吨。烟台莱州海上风电与海洋牧场融合发展研究试验项目顺利并网发电。

系列政策保障重点项目建设　通过提前介入、线上审查等方式加快审核速度，出具渤中 I 场址项目用海预审意见，深入推进海上风电、光伏等项目用海手续办理。同时，对 2022—2024 年建成并网的"十四五"海上风电项目、漂浮式海上光伏项目给予补贴，助力千万千瓦级海上风电基地"加速跑"，推动漂浮式海上光伏走向深蓝。沿海地市出台一揽子支持政策，滨州实施新能源产业"六大行动"，国网烟台供电公司开辟新能源配电网建设"绿色通道"，东营市创下国内海上风电取得核准最快记录，全力支撑新能源产业强劲发展。

第三节 现代海洋服务业稳步发展

一、海洋旅游业

2022 年，面对疫情防控新形势，山东省着力丰富产品供给，推动产业高质量发展。沿海 7 市接待国内游客 2.6 亿人次，国内旅游收入 2 988.8 亿元，全年实现增加值 1 851.3 亿元，比上年增长 2.0%，比 2018 年降低 5.0%。

规划蓝图存蓄动能 编制《山东海岸休闲旅游专项规划》，创新海洋旅游业态产品，打造海洋文旅融合发展高地，推动海洋旅游提档升级，助力海岸休闲旅游在构建"双循环"发展格局中发挥重要作用，积极为海洋强省建设做出更大的贡献。

旅游线路创新提质 渤海海峡第一条鲁辽直航旅游线路"长岛—旅顺"客运航线成功开通并实现首航，航线串联起长岛跨渤海海峡南北交通，进一步促进鲁辽之间经济、文化、旅游交流，为蓬长一体化发展和长岛海洋生态文明建设增添新的发展动能。

产业发展塑造优势 2022 年，全省新增的两家国家级旅游度假区——烟台金沙滩旅游度假区和荣成好运角旅游度假区均为海洋旅游度假区。至此，全省国家级旅游度假区达 6 家。优化提升夏季旅游传统优势，创新打造冬季旅游增长点，挖掘海洋文化旅游新亮点，2022 青岛国际帆船周·青岛国际海洋节、"冬赏天鹅，夏游牧场"、国际风筝冲浪赛等活动形成声势。

二、涉海金融服务

金融要素供给能力不断增强　2022 年，山东省农村商业银行为 54 家涉海企业授信 14.29 亿元，其中 51 家企业用信 11.02 亿元。中小微企业融资过程不断优化，荣成农商行实现从审批、授信到放款 3 天完成，融资周期缩短近三分之一。全省年度新增 4 家涉海上市企业，新增 5 家涉海新三板挂牌企业。截至 2022 年底，全省新旧动能转换基金投资海洋产业项目 54 个，投资金额 113.1 亿元。2022 年新增山东省新旧动能转换引导基金参股的现代海洋产业基金 1 支，基金认缴总规模 5 亿元，新增入库储备海洋产业项目 15 个。

绿色金融产品及模式创新发展　山东省农商行创新推广"科技成果转化贷""海域使用权抵押贷""海洋碳汇贷"等 20 余款涉海信贷产品。全国首笔"海草床、海藻场碳汇贷"落地长岛，助力生态价值实现。全国首个海草床修复项目上线支付宝，引进超 1 亿元社会公益资金注入。

保险服务保障作用持续增强　威海落地全国首单海草床碳汇指数保险、全国首单贝类碳汇指数保险。日照自 2021 年底推出海洋牧场巨灾保险以来，已有 7 家海洋牧场投保，获得最高 2 600 万元的风险保障。烟台创新开展区域海洋碳汇指数保险，荣获山东省政策性农业保险首创险种。

第四节　世界一流港口建设成效显著

2022 年，世界一流港口建设接续发力，海洋交通运输业全年实现增加值 1 522.2 亿元，居全国首位，比上年增长 21.6%，比 2018 年增长 74.6%。

航运能力稳步提升　2022 年，山东省沿海港口完成货物吞吐量 18.9 亿吨，同比增长 6.1%，高于全国沿海港口货物吞吐量增速 4.5 个百分点；完成集装箱吞吐量 3 757 万标准箱，同比增长 9.0%，高于全国沿海港口集装箱吞吐量增速 4.4 个百分点（图 2-7），两项指标月度间变化较为平稳（图 2-8）。沿海港口货物、集装箱吞吐量分别位居全国第一位和第四位，连续 3 年保持稳健快速增长。全省水路货

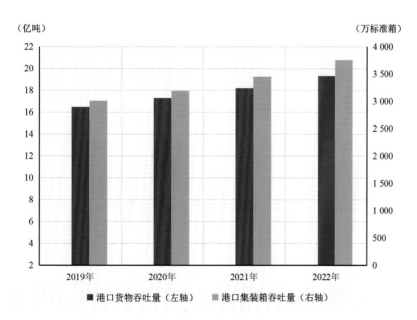

图 2-7　2019—2022 年山东省港口货物吞吐量、集装箱吞吐量
数据来源：中华人民共和国交通运输部网站

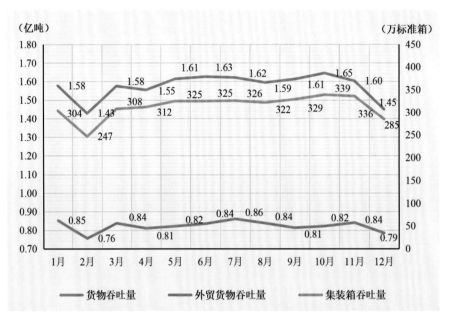

图 2-8　2022 年山东省港口（外贸）货物吞吐量、集装箱吞吐量

数据来源：中华人民共和国交通运输部网站

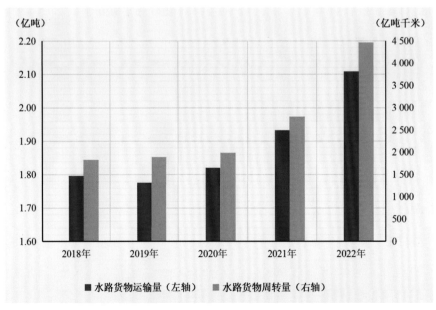

图 2-9　2018—2022 年山东省水路运输量和周转量

数据来源：中华人民共和国交通运输部网站

物运输量 2.1 亿吨，同比增长 9.1%；水路货物周转量 4 464.2 亿吨千米，同比增长 59.3%（图 2-9）。水路旅客运输量 818 万人，水路旅客周转量 31 900 万人千米。

枢纽地位不断增强　把握《区域全面经济伙伴关系协定》（RCEP）生效新机遇，连续 3 年实施航线补贴政策，扩大国际集装箱航线和海铁联运布局，全力稳通道、保畅通、促发展，服务支撑产业链供应链能力显著增强。截至 2022 年底，集装箱航线达到 327 条，其中外贸航线 233 条，稳居北方港口第一位。内陆港达到 32 个、班列达到 82 条，海铁联运箱量突破 300 万标准箱，持续位居全国首位。"一带一路"青岛航运指数成为与沿线国家经贸往来"风向标"。由中国经济信息社和交通运输部水运科学研究院共同发布的《世界一流港口综合评价报告》表明，青岛港进入世界一流港口综合评价前十名，处于世界一流港口前列。

基础设施保障有力　建成青岛前湾港区、董家口港区，日照石臼港区、岚山港区，烟台西港区等多个大型综合性枢纽港区，拥有全球最大的矿石码头、原油码头、集装箱码头、LNG 码头和邮轮码头等。截至 2022 年底，全省沿海港口生产性泊位达到 638 个，其中深水泊位 365 个、专业化集装箱泊位 45 个，20 万吨级及以上大型泊位 25 个，大型泊位规模居全国沿海省份首位。

智慧绿色港口建设成效显著　成功获批交通运输部首个交通强国"智慧港口建设试点"，并通过省级验收。青岛港集装箱自动化码头一期工程和二期工程相继完工，三期工程正在加快建设，自主研发实施的智能管控系统 (A-TOS) 达到国际领先水平，码头装卸效率先后

9 次打破世界纪录。建成使用的青岛港集装箱智能空轨系统、日照港顺岸开放式自动化集装箱码头、烟台港原油管道智脑系统等全国领先。山东港口坚持"宜电则电、宜气则气、宜氢则氢",推广使用清洁能源,电、气、氢等清洁用能占比达到 55%,绿色发展全面起势。"中国氢港"建设取得实质进展,青岛港前湾港区加氢站成为全国首座全资质、全牌照运营的港口加氢站。

港产城融合发展进展加快　港城联动,山东省港口集团与崂山区签署战略合作框架协议,进一步发挥双方优势和特色,着力在乡村振兴、文化旅游、金融贸易等领域深入合作。青岛港集聚港口、产业、城市的优势要素和资源,建成投产项目 19 项,总投资 101 亿元,新增码头通过能力 1 219 万吨、原油仓储能力 240 万立方、粮食仓储能力 26 万吨。烟台港聚焦原油、液化天然气、管道、粮食等重磅项目,建成投产项目 15 个,总投资 57 亿元,新增码头年设计通过能力 1 680 万吨,新增原油长输管道年输油能力 2 000 万吨,极大提升烟台港的整体实力和服务能级。威海市深度挖掘港口资源对产业的拉动潜力,涵盖交通运输、能源仓储、商贸流通、文旅康养、海洋渔业等重点领域。日照市建成投产项目 11 项,新增年通过能力 2 350 万吨、30 万吨级航道一条。

第三章

海洋科技创新支撑更加有力

第一节　海洋创新平台建设稳步推进

海洋科技创新平台不断向广领域、高水平迈进　崂山实验室获批组建，成为我国海洋领域唯一的国家实验室。联合国"海洋十年"海洋与气候协作中心落地青岛。国家海洋综合试验场（威海）基础及配套设施建设加快推进，成功争取 2.66 亿元政策基金支持，先后有海洋智能装备研究中心等 6 家创新平台、25 家企业入驻，累计承接各类试验任务 100 余项，一批产业项目依托试验场立项实施。国家深海"三大平台"完成深海基因库实验室等基础设施改造工作，会战方案获自然资源部批准。国家海水利用工程技术（威海）中心启用，推动海水综合利用产业创新发展。中国科学院海洋牧场工程实验室（莱州）启动，推进海洋牧场领域国家级科技成果创新与转移转化平台建设。青岛明月海藻集团和中国水产科学研究院黄海水产研究所牵头的两家全国重点实验室获批。山东省海洋食品高质化利用技术创新中心等 4 家现代海洋领域省技术创新中心获批筹建（表 3-1）。

表 3-1　2022 年新建省技术创新中心名单（现代海洋领域）

序号	技术创新中心名称	建设领域	牵头单位
1	山东省海洋食品高质化利用技术创新中心	现代海洋	青岛海洋食品营养与健康创新研究院
2	山东省牡蛎种业技术创新中心	现代海洋	青岛前沿海洋种业有限公司
3	山东省高端远洋渔船技术创新中心	现代海洋	蓬莱中柏京鲁船业有限公司
4	山东省海卤水资源高效利用技术创新中心	现代海洋	山东海化集团有限公司

海洋科研创新服务水平向现代化、智慧化提升　我国海洋领域首个聚焦海洋生命科学的冷冻电镜中心建成并对外开放共享，为用户提供样品制备、数据解析等服务。青岛海洋科学与技术试点国家实验室海底深部探测与开发平台揭牌。我国首个、世界第五个深海技术支撑基地——"国家深海基地"项目顺利通过竣工验收，基地建成面向全国深海科学研究、资源环境调查、深海装备研发试验、海洋新兴产业和服务提供支撑保障的多功能、全开放的国家级公共服务平台，全面支撑我国深海事业发展。山东省海洋卫星数据服务平台正式上线，集成海量海洋卫星数据资源，可提供便捷的数据保障和服务。全国首个海洋数据交易平台在青岛建成，平台面向各类海洋科研机构以及相关企业，开展海洋地质、地形地貌、水文气象、遥感影像等海洋数据交易。国内首个海洋主题的科技类展馆——威海海洋科技馆正式运营。

第二节　海洋科技创新成果不断丰富

海洋强省标准化建设加快推进　建立海洋标准化业务合作机制，加强海洋标准体系建设研究，初步搭建以海洋产业、海洋科教文化、海洋生态环境、海洋公共服务、海洋管理五大类为基础的海洋标准体系框架。强化标准供给，2022 年度征集海洋领域"山东标准"建设项目 40 项，《海洋大数据分级存储技术规范》等 5 项急用先行地方标准发布实施，《海水淡化浓海水排放监测与影响评估技术指南》等 16

项地方标准项目获批立项。山东省牵头制定的中国水产学会团体标准《海洋牧场牡蛎礁建设技术规范》（T/SCSF 0015—2022）正式发布。全省首批 32 个创新中心中唯一的国际标准创新平台"省海洋国际标准创新中心"成功获批。

海洋领域重大科技项目持续引领　海洋国际大科学计划走在前列。自然资源部第一海洋研究所、中国海洋大学分别牵头实施两项联合国"海洋十年"大科学计划"海洋与气候无缝预报系统""第二次黑潮及周边海域国际合作研究"，占同期联合国项目的 40%。山东大学与厦门大学共同推动实施"海洋负排放"国际大科学计划。持续发挥重大海洋科技项目支撑引领作用，海洋碳汇等 5 项科技创新需求列入省科技厅支持专项。"海上无人设备惯导系统研发及产业化"等 16 项重大科技创新工程（表 3-2）、"重要设施养殖鱼类优良种质创制与规模化苗种培育关键技术开发及应用"等两项驻鲁部属高校服务山东重点建设项目（表 3-3）、"经济海藻分子模块设计育种技术研发"等 4 项省农业良种工程（表 3-4）、"海洋生物脂质高纯活性成分制备关键共性技术及产业化应用"等 11 项中央引导地方科技发展资金项目相继获批立项（表 3-5）。

表 3-2　2021 年山东省海洋工程技术协同创新中心认定名单

序号	项目名称	承担单位
1	海上无人设备惯导系统研发及产业化	青岛智腾微电子有限公司
2	升沉补偿主动控制技术与装备研制	烟台杰瑞石油装备技术有限公司
3	智能河海直达船关键技术研究与应用	蓬莱中柏京鲁船业有限公司

续表

序号	项目名称	承担单位
4	甲壳素绿色制备及系列化高值产品研发	山东卫康生物医药科技有限公司
5	海带收割载体船的研制及应用	寻山集团有限公司
6	海洋环保长效耐磨防污材料制备及产业化	山东奔腾漆业股份有限公司
7	深水复杂钻井多相流动模拟关键技术与监测装备	中石化经纬有限公司
8	浓盐水高倍浓缩单价选择性电渗析膜材料	山东天维膜技术有限公司
9	海水淡化反渗透膜用复合无纺布及反渗透膜研发与应用	山东九章膜技术有限公司
10	水下作业系统通信定位一体化装备关键技术研究及示范应用	山东省海洋仪器仪表科技中心有限公司
11	高效环保延时膨胀表层导管研发及产业化	山东祺龙海洋石油钢管股份有限公司
12	高性能大功率潜油永磁直驱电泵系统研发及工程化应用	胜利油田胜利泵业有限责任公司
13	鱿鱼加工智能生产线的研发及中试	威海福瑞机器人有限公司
14	深水柔性立管群智能监测装备研发与应用	中国石油集团海洋工程(青岛)有限公司
15	海洋活性肽靶向高效制备关键技术开发	青岛琅琊台集团股份有限公司
16	刺参养殖采捕机械化装备创制	山东未来机器人有限公司

表 3-3　2022 年驻鲁部属高校服务山东重点建设项目（海洋领域）

序号	项目名称	承担单位
1	重要设施养殖鱼类优良种质创制与规模化苗种培育关键技术开发及应用	中国海洋大学
2	海洋智能无人系统关键技术研发及产业化	哈尔滨工业大学(威海)

表 3-4　2022 年山东省农业良种工程项目（海洋领域）

序号	项目名称	承担单位
1	经济海藻分子模块设计育种技术研发	中国科学院海洋研究所
2	海水养殖贝类新品种培育	青岛前沿海洋种业有限公司
3	深远海网箱养殖专用鱼类新品种培育	莱州明波水产有限公司
4	优质高产长牡蛎三倍体新品种培育与应用	烟台海益苗业有限公司

表 3-5　2022 年山东省中央引导地方科技发展资金项目（海洋领域）

序号	项目名称	承担单位
1	海洋生物脂质高纯活性成分制备关键共性技术及产业化应用	山东新华制药股份有限公司
2	高糖原牡蛎新品种的转化与应用	山东灯塔水母海洋科技有限公司
3	海洋油气钻井数字化技术创新平台	中石化胜利石油工程有限公司
4	山东海洋装备设计与数值模拟研发公共服务平台	山东省海洋科学研究院
5	海洋环境多模态大数据智能分析挖掘关键技术研究及示范应用	中国海洋大学
6	海水淡化能量回收装置系列产品科技成果转化示范	山东良乔环保科技集团有限公司
7	海洋装备结构缺陷智能电磁成像检测关键技术及产业化示范	中国石油大学(华东)
8	基于鱼类全生活史理论的海洋牧场构建技术应用与示范	山东大学
9	深远海大型围栏设施装备集成与生态养殖产业化示范	莱州明波水产有限公司
10	山东绿色海洋化工技术转移转化平台	山东绿色海洋化工研究院有限公司
11	海洋油气钻采关键技术与装备科技成果转化平台	山东科瑞油气装备有限公司

海洋科技成果日益丰硕 "北冰洋中全新世海冰融化新机制的发现"入选 2022 年中国十大海洋科技进展。"海洋微生物独特的代谢过程与环境适应的分子机制"等 3 项成果入选 2022 年度中国海洋与湖沼十大科技进展。"潮间带贝类地理分布格局及适应机制研究"等 16 项成果荣获 2022 年度海洋科学技术奖。"海湾扇贝新品种培育与推广"等 12 项成果荣获中国水产学会范蠡科学技术奖。"大型现代化深远海养殖装备设计制造及智慧运维保障关键技术及应用"等 12 项成果荣获山东省科学技术奖。"黄、东海及邻区深部地壳结构探测关键技术突破与科学发现"等 41 个项目获山东省海洋科技创新奖。

海洋科技创新应用不断拓展 积极推动海洋牧场核心技术体系的生态化、精准化、智能化发展,"国信 1 号"累计获得 40 余项软件著作权和专利,在黄海海域顺利完成海试,48 项常规船舶和养殖装备试验结果均超过预定指标。油气开发装备实现重大突破,我国自主研发的首套深水水下生产系统、浅水水下采油树系统等成功投用。深海机器人研发应用加速推进,1 500 米深海铺缆机器人成功海试,3 500 米深海挖矿探矿机器人下海成功。

第三节　海洋科技人才引育持续聚力

着力营造创新发展环境,发挥创新平台载体作用,引进海洋人才建立由省领导牵头、有关省直部门作为核心支撑的人才链、教育链、创新链、产业链"四链"融合工作机制。崂山实验室集聚包括 45 位院士在内的 2 200 余人的海洋高端人才队伍，实现了山东省战略科技力量的历史性突破。启动部省共建中国海洋国际人才港建设，搭建海洋人才、海洋产业引育平台。威海市举办 2022 中国威海·国际英才创新创业大会，搭建威海海洋产业与高层次人才交流对接合作专业化平台，总规模 2 亿元的威海首支海洋人才发展基金顺利落户。

研究出台配套政策，加大财政投入，激励海洋人才　创新开展泰山产业领军人才工程蓝色人才专项，2022 年度遴选确定泰山产业领军人才工程蓝色人才专项领军人才 10 名，累计支持领军人才团队 29 个，拨付省级资助资金 3.48 亿元。青岛市评选出首批 10 位海洋英才，出台的《青岛市现代海洋英才激励办法（暂行）》在全国具有领先性和开创性。"山东省海洋科技创新奖"增设"青年科技奖"类别。2022 年，毛相朝、陈朝晖、陈旭光入选国家杰青，在山东省入选的海洋领域国家杰青达 43 名，数量居全国首位。中国海洋大学海洋生命学院包振民院士荣获 2022 年度山东省科学技术最高奖。崂山实验室主任吴立新院士荣获第二届"齐鲁杰出人才奖"。青岛海洋地质研究所张训华研究员、自然资源部第一海洋研究所乔方利研究员获第七届"曾呈奎海洋科技奖"突出成就奖，中国科学院烟台海岸带研究所胡晓珂研究员、中国科学院海洋研究所孙超岷研究员获第七届"曾呈奎海洋科技奖"青年科技奖。中国科学院海洋研究所郇聘研究员、中国海洋大学李语丽副教授获第二届"张福绥贝类学奖"青年创新奖。

第四章

海洋生态文明建设成果丰硕

第一节　海洋生态保护聚力增效

黄河流域生态保护迈出坚实步伐　印发《山东省黄河流域生态保护和高质量发展规划》，落实黄河重大国家战略走在前，高标准创建的黄河口国家公园进入申请设立报批阶段。启动科学绿化试点示范省建设，全面摸清黄河三角洲重要生态区盐沼植被、湿地潮沟、水系等滨海湿地景观多样性分布格局，黄河河口三角洲生物多样性稳步提升。

海洋环境与生态状况持续向好　全省近岸海域水质稳中向好，主要以一类和二类水质为主，40 条国控河流入海断面全部达到 IV 类及以上水质。近岸海域海洋生物种类丰富，多样性较好，群落结构总体稳定。近海典型生态系统状况稳中向好。青岛灵山湾获评全国首批美丽海湾优秀案例。建设长岛海洋生态文明综合试验区，全域打造海上绿水青山。2022 年省湾长制工作要点确定的 24 项年度重点任务全面落地，完成湾长制实施效果综合评估。

海洋碳汇调查评估工作全面起步　初步构建山东省海洋自然生态系统碳汇"资源调查、储量评估、潜力评价、技术标准"四大体系。基本摸清黄河口盐沼、长岛海草床等典型试点区域蓝碳类型和碳汇状况，探索形成系列可复制推广的海洋碳汇调查评估经验。建成院士领衔、知名专家全面参与的山东省海洋碳汇专家委员会和咨询委员会，组建成立山东海洋碳汇产业联盟，打造蓝碳高端智库和产业创新平台。成功举办 2022 年山东省海洋碳汇科技论坛和海洋生态经济论坛，蓝碳科技交流与成果推广成效更加显著。

海洋生物多样性工作有序开展 掌握了本省海洋浮游生物、底栖生物以及游泳动物生物多样性本底状况，厘清了其空间分布特征和季节变化差异，构建了涵盖多类群的海洋生物物种数据库。建设黄河口海草床、崂山湾海藻场生态系统养护观测站和昌邑海上风电场监测观测站，强化典型海洋生态系统监测评价。青岛国家绿色低碳发展深海试验区获批建设，努力打造全国首个深海全产业链绿色低碳高质量发展的"青岛样板"。

第二节　海洋生态治理与修复统筹推进

海洋环境综合整治深入实施 全省已整治入海排污口 20 882 个，占全部入海排污口的 99.8%。对已整治完成的入海排污口开展逐口质控核查，确保整治质量。创新提出"六步工作法"，探索形成具有山东特色的"126954"入海河流总氮治理模式，入海河流总氮反弹趋势初步得到遏制并有所改善。开展"净滩 2022"专项行动，对全省 3 000 余千米海岸线"全线过滤"，清理海岸带垃圾 1 000 余吨。

重点海域综合治理攻坚战有序推进 印发实施《山东省深入打好重点海域综合治理攻坚战实施方案》。坚持陆海统筹，将重点海域综合治理攻坚实施范围由沿海 7 市扩大至全省 15 市 95 个县（市、区）。开展省级驻点帮扶，指导各地破解重点难点问题。细化责任分工，有力有序推进攻坚方案确定的 39 项重点任务。

互花米草治理工作成效明显 2022 年，基本完成集中连片区域的互花米草首轮治理任务，互花米草快速蔓延趋势得到有效遏制。跟踪监测发现，试点治理区域绝大部分互花米草得到清除，本土植物盐地碱蓬和盐角草开始大面积恢复，湿地生态效应逐步显现。持续开展化学试点治理研究，我省"刈割＋翻耕"等治理方法和"省市县一体化联防联控机制"等经验做法被国家林草局采纳，用于指导下一步全国层面综合治理工作。

海洋生态保护修复扎实推进 强化海洋生态保护修复工作顶层设计，严格落实《山东省海洋生态保护修复规划》，印发实施《关于加强中央海洋生态保护修复项目监督管理的通知》。加强项目管理，建立周调度台账，组织开展项目督导服务、现场检查活动，每季度开展一次海洋生态保护修复项目监视监测。建立海岸建筑退缩线制度，山东省努力打造"海上绿水青山"。严格落实全海域生态红线制度，组织实施海洋生态保护修复工程项目，累计整治修复岸线 36 千米、滨海湿地 5 200 公顷。

海洋生物资源修复科学开展 印发《全省水生生物增殖放流工作指导意见》，持续开展捕捞渔民增收型、海洋牧场海钓产业促进型、水生生物种群修复型等六大类水生物种增殖放流。首次建立面向全国的"碧水责任·云放鱼"平台，探索建立公益性水生生物增殖放流苗种网上高效采购机制，完成公益性增殖放流 70 亿单位，带动群众性底播增殖 1 500 亿单位，放流规模、技术与管理水平以及增殖效益继续领跑全国。成功承办第四届中韩联合增殖放流活动，烟台黄渤海新区获批中韩联合增殖放流活动中方永久举办地。

第三节　海洋防灾减灾成效明显

海洋生态灾害应急处置卓有成效　在自然资源部黄海跨区域浒苔绿潮灾害联防联控工作协调组统一部署下，山东省委、省政府领导坐镇一线，成立浒苔前置打捞现场指挥部，在原有"海上打捞＋近岸拦截＋岸滩清理"三道防线基础上，研发新型适用监测系统，升级改造拦截打捞装备，每日定时开展浒苔绿潮预警监测、发布预警信息、召开联防联控工作会，科学指导前置打捞及应急处置。全省共海上派出船舶 19 788 艘次，出动岸上清理人员 90 166 人次、车辆 44 153 车次、大型机械 10 822 台（班）次，海上打捞、岸滩清理浒苔同比分别减少 65.7% 和 77.6%，生物量大幅度降低，最大限度减少了灾害的影响。

海洋灾害风险摸排清楚　山东省各级海洋主管部门扎实推进 2020—2022 年第一次全国自然灾害综合风险普查，普查任务全部完成。完成"一省两市"试点评估与区划工作；完成风暴潮、海浪、海啸、海平面上升、海冰等省尺度风险评估与区划成果集，以及 35 个沿海县风暴潮、海啸灾害县尺度风险评估与区划成果集。完成山东省近岸海域及现状海岸线向陆一侧 1 千米范围内石油、危化品、核电等风险源底数摸排，形成 295 个海洋环境风险源清单，全面落实防范措施。

海洋生态预警预报服务社会民生　服务海洋综合管理，2022 年发布赤潮快报、水母灾害预警监测简报、典型生态系统预警监测简报、海洋保护地调查简报、海洋生态基础预警监测简报以及年报、专报等各类报告 50 余期。发布风暴潮、海浪、海冰等各类警报和消息 1.5 万余份，各项海洋预报 6 300 余份。每日通过广播和网络发布海洋预报、山东省海洋牧场环境预报和齐鲁美丽海岛环境预报，山东新闻联播时段开播山东省海洋预报。

第五章

海洋开放合作水平不断提升

第一节　海洋经济贸易取得新成就

海洋对外贸易快速增长　2022 年，山东省水路运输进出口额
28 678.3 亿元，比 2018 年增长 63.4%，比上年增长 14.5%，占全省进
出口总额的 86.0%（图 5-1）。其中，出口额 17 480.5 亿元，同比增
长 16.4%；进口额 11 197.8 亿元，同比增长 11.6%。山东省与 RCEP（区
域全面经济伙伴关系协定）成员国进出口总额 12 750.6 亿元，其中
水路运输占 83.9%，达到 10 702.6 亿元，同比增长 20.0%（图 5-2）。
全年新设涉海类外商投资企业 58 家，实际使用外资 2.7 亿美元。

海洋经贸通道进一步畅通　持续加密国际海运、航空航线，拓展
中欧班列（齐鲁号）线路辐射范围，稳步提升国际物流通达效率。截

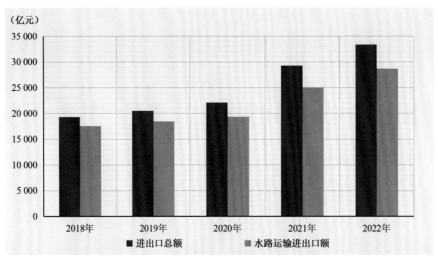

图 5-1　2018—2022 年山东省对外贸易进出口额

数据来源：进出口总额引自中华人民共和国海关总署官网，水路运输进出口额引
自中华人民共和国济南海关

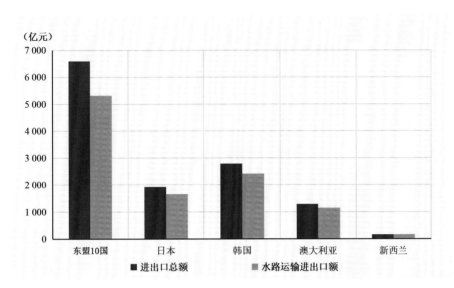

图 5-2 2022 年山东省与 RCEP 成员国进出口额
数据来源：进出口总额引自中华人民共和国海关总署官网，水路运输进出口额引
自中华人民共和国济南海关

至 2022 年底，山东港口外贸航线总数达 233 条，数量和密度稳居北
方港口首位。全年新开通 11 条国际航空货运航线，初步形成了畅达
日韩、连通欧美的国际货运航线网络。中欧班列（齐鲁号）全年开行
班列 2 057 列，同比增长 12.7%。上合国际枢纽港获联合国批准国际
代码"CNJZH"，标志着上合示范区国际枢纽港拥有参与国际贸易的
身份证，正式进入国际贸易与运输体系，成为国际运输的始发港 / 目
的港。

海洋经贸服务持续优化 充分发挥中国（山东）自由贸易试验
区载体支撑作用，聚焦海洋经济高质量发展等目标定位，累计形成
144 项制度创新成果在省内复制推广，首创"陆海联动、海铁直运""进
口大宗商品智慧鉴定"等经验在全省复制推广。青岛片区聚焦航运物

流产业，加快东北亚船舶交易中心建设，构建以船舶交易为核心的"平台＋"体系，探索开展航运衍生品交易业务，提升现代航运服务水平。烟台片区推动海工装备、海洋牧场融合发展，全国首推"海工装备＋渔业服务"新模式，建立研发、确权、融资等集成创新链条，引领海工装备"油转渔"新业态加速崛起。

第二节　海洋开放合作迈上新台阶

深度融入"一带一路"建设　发挥青岛、烟台、威海海上合作战略支点以及青岛、日照新亚欧大陆桥经济走廊重要节点城市作用，深化与共建"一带一路"国家海洋领域合作。搭建海洋沟通对话平台，成功举办"山东与世界 500 强连线"现代海洋产业合作专场，与日本、韩国、挪威、意大利等 9 个国家（地区）在装备制造、海洋牧场、海上新能源、海洋生物医药等领域签订项目 18 个，总投资 15.4 亿美元。高标准举办国际海洋动力装备博览会，达成合作成果 28 项、总投资 157.5 亿元。成功举办世界海洋科技大会、东北亚海洋经济创新发展论坛、世界入海口城市合作发展大会等重大活动。中国—加勒比发展中心在济南揭牌成立并与圭亚那开展海洋渔业培训合作。

持续深化 RCEP 区域合作　开展海洋产业合作，推进《落实〈区域全面经济伙伴关系协定〉先期行动计划》，依托招商局金陵船舶（威海）有限公司、黄海造船有限公司等企业对接韩国船舶与海工装备产业，开展技术合作与精准招商。提升与 RCEP 国家贸易服务水平与运输效率，RCEP "6 小时通关"试点日本冰鲜金枪鱼等生鲜易腐货物快速通关放行。开通北方首条青岛—大阪 RCEP 快线，建成威海（石岛）—群山—釜山—大阪陆海联运 40 小时快线，每周挂靠 RCEP 缔约方航线超百班次。深化威海—仁川"四港联动"，推动韩国国土交通部、关税厅与中国交通运输部、海关总署签署陆海联运整车运输四方谅解备忘录，中韩整车运输试运行项目即将实施。

不断加强同上海合作组织国家互联互通　依托中国—上海合作组织地方经贸合作示范区，提升同上合组织国家海洋经贸合作水平。积极"走出去"，上合经贸代表团先后赴俄罗斯、哈萨克斯坦、乌兹别克斯坦开展专场推介，以务实行动深度融入上合"国际朋友圈"。搭建经贸服务平台，全国首创推出中国—上海合作组织地方经贸合作综合服务平台，成为我国多边合作机制首个一站式专业经贸综合服务平台。助力海洋产业发展，山东省首支人才发展基金落户上合示范区，重点扶持省内海洋产业优质项目。

第三节　海洋合作平台建设走深走实

平台实体化建设取得重大进展　自然资源部正式复函同意部省市三方在青岛共建联合国"海洋十年"国际合作中心，中心将承担联合国"海洋十年"中国委员会重点工作，包括我国唯一获批的海洋与气候协作中心（DCC）建设，为山东省在联合国框架下引领国际海洋合作创造了新机遇。

东亚海洋合作平台青岛论坛硕果累累　联合国"海洋十年"海洋与气候协作中心获批，成为联合国在全球范围内首批批复的 5 个协作中心之一。"海洋十年"大科学计划对外发布，国际涉海商协会联盟揭牌，首份以现代海洋城市为主题的研究报告《现代海洋城市研究报告（2021）》首次面向全球发布。此外，《东亚海洋城市文旅发展指数报告（2022）》《东亚港口靠泊效率指数（2021）》《中日韩经贸指数》等系列公共服务产品相继发布，成为打造海洋国际合作的"晴雨表"和"风向标"。来自多个国家和地区的海洋专家、经济学家、文化学者、企业家等近 400 位嘉宾、1 000 多家企业参会参展，深化海洋经济、科技、人文、环保等领域的交流合作。

东亚海洋博览会圆满召开　2022 东亚海洋博览会顺利举办，共有 70 余个国家和地区的驻中国办事机构（代表处）、1 000 余家企业机构参加，实现意向成交额 41.4 亿元。东亚海洋博览会已发展成为集技术交流、产品展示、成果交易、招商引资等平台功能于一体的"海洋产业国际会客展厅"。

第六章

海洋综合治理能力持续增强

第一节　海洋发展战略规划日益完善

不断深化海洋发展战略，宏观谋划海洋强省建设　山东省委、省政府印发《海洋强省建设行动计划》，"十大行动"赋能海洋经济。山东省人民政府发布《关于印发"十大创新""十强产业""十大扩需求"2022 年行动计划的通知》，将现代海洋产业列入"十强产业"，提出"现代海洋产业 2022 年行动计划"。山东省第十二次党代会对大力发展海洋经济做出新的战略部署，为全省海洋经济工作明确了目标方向。山东省委海洋发展委员会召开第五次会议，强调要开展新一轮海洋强省建设行动，全面增强向海图强发展优势，努力建设海洋高质量发展战略要地。

持续完善海洋产业政策规划，指导优化海洋产业高质发展　山东省工业和信息化厅出台《山东省船舶与海洋工程装备产业发展"十四五"规划》，为船舶与海洋工程装备产业发展指明方向。山东省海洋局、山东省发展和改革委员会印发《山东省海水淡化利用发展行动实施方案》，推动海水淡化产业高质量发展。《青岛市促进航运产业高质量发展 15 条政策》《关于促进滨州市渔业产业高质量发展的实施意见》等地方文件出台，为海洋产业发展提质增效贡献力量。

出台措施精准发力，做实做细海洋经济发展工作　沿海地市围绕山东省海洋建设的目标方向和工作任务，出台了一系列管理条例和行动方案。青岛市人民政府办公厅出台《青岛市支持海洋经济高质量发展 15 条政策》，东营市人民政府办公室印发《东营市全面推行渔港港长制工作方案的通知》，烟台市人民政府办公室印发《烟台市海洋牧场"百箱计划"项目三年行动方案》，潍坊市人民政府印发《潍坊市"十四五"生态环境保护规划》，威海市人民政府办公室印发《关于修改威海市蓝碳经济发展行动方案（2021—2025 年）的通知》，日照市人民政府出台《日照市"十四五"自然资源保护和利用规划》，滨州市人民政府办公室出台《促进滨州市渔业产业高质量发展的实施意见》，引导和规范地方海洋经济事业发展，为推动海洋强省建设提供有力保障。

第二节　海域海岛管理水平有效提升

制度机制创新不断深化　《强化海洋资源要素保障 服务海洋经济高质量发展政策清单》《关于进一步做好项目用海要素保障的通知》印发，指导市县做好建设项目用海要素服务保障工作。山东省海洋局探索实施海域立体综合开发利用，明确桩基固定式海上光伏发电项目海域立体使用要求。"海域使用权'进场交易'"等 3 项创新制度成果列入山东省政府改革试点经验，在全省复制推广。青岛市在全国首创海域使用金"非税划转"跨部门协同联动新模式，探索海域资源变资产的金融创新政策。烟台市完成全国自贸区范围首宗海域立体确权，海域空间管理从"平面"走向"立体"。

海洋资源要素服务保障稳步推进　保障核电、港口等国家重大项目用海，山东海阳核电项目 3 号和 4 号机组工程等 8 个项目已取得自然资源部用海批复，中广核山东招远核电厂一期工程等 3 个项目取得自然资源部用海预审意见，山东裕龙石化有限公司碳五碳九综合利用等 9 个项目取得了省级用海批复，董家口港区北三突堤 7-8# 泊位工程等 4 个港口项目用海审批有序推进。分类处置"已批未填""未批已填"历史遗留问题，盘活围填海闲置资源 1 055.25 公顷。完成 933 个图斑初步审查，加快推进"未批已填"类项目处理方案集中备案。

海域使用事中事后监管体系趋于完善　健全海洋监管机制，印发《关于进一步加强用海监管工作的通知》，对海域海岛监管进行全面部署。建立"早发现、早处置"机制，全年共提前下发 493 个图斑，制止了违法用海行为。建立核查处置情况会商机制，全年共完成 139 处疑点疑区图斑、500 处存疑图斑现场核查及 19 处疑似违法用海线索复核。根据"三区三线"划定成果，完善《山东省海岸线保护与利用规划》内容。开展年度海岸线调查统计，按季度完成自然岸线监视监测，完成海岸线修测成果档案材料收集、整理，以及围海养殖圈围岸线数据获取、填报、审查工作。

第三节　海洋与渔业执法精准有力

推进专项执法行动，保护黄河流域生态环境　首次开展"护航2022"黄河流域海洋生态保护专项执法，统筹滨州、东营两市和贝壳堤岛、黄河三角洲两个国家级自然保护区执法力量，成立了"1+2+2"专项执法领导小组，检查用海项目 128 个次，海洋自然保护地 3 个次，海洋生态整治修复项目 7 个次，海岛 58 个次，为黄河流域生态保护和高质量发展提供了执法保障。

规范执法尺度，提升海洋执法监管能力　创造性开展海洋卫片执法，启用山东省海洋卫片执法系统，实现了"查、看、发、核、取、作"六位一体，推动我省海洋执法迈入"人防＋技防"新阶段。举办海上风电用海交流执法活动，初步建立新能源用海执法操作规范。全年各级共核查各类疑点疑区图斑 1 021 个，检查用海项目 1 180 个次、海岛 349 个次，责令整改 7 起，办理案件 17 件。深入实施"中国渔政亮剑"系列专项执法行动，持续开展渔业安全生产大排查大整治、春雷行动、商渔共治 2022 行动、"三无"船舶集中整治行动，依法维护海洋伏季休渔秩序。开展渔港视频专项检查、"驻在式"督导检查和明察暗访行动，全面完成裕龙岛炼化一体化项目（一期）用海执法监管任务。严守海上疫情防控底线，严格落实进出港登记报备制度，扎实做好外省市籍船舶、远洋渔船靠泊港口管理和远洋渔船动态监管，严防疫情从海上输入。

深化协作交流，加强海洋执法与服务保障　强化核查处置情况会商机制，加强省海洋局与省海洋与渔业执法监察局、省国土空间数据和遥感技术研究院沟通协作，妥善做好疑点疑区、存疑图斑核查处置，全年共开展执法检查 40 余次，编发执法监管信息专报 9 期。全力做好浒苔绿潮灾害处置，投入 6 艘执法船，调配 12 635 艘次渔船，发挥了打捞主力军作用。同时，坚持日常检查与普法教育相结合，深入开展"送法上门、普法到人"微活动，及时发放依法用海明白纸，开展普法微访谈，做到早介入、早提醒，促进了海洋执法与服务保障深度融合。

附　录

附录1 2022 年山东省海洋综合管理政策汇编目录

地区	文件名称	发布机构	发布时间
山东省	《山东省海岸建筑退缩线制度》	山东省自然资源厅、山东省发展和改革委员会、山东省工业和信息化厅、山东省财政厅、山东省生态环境厅、山东省住房和城乡建设厅、山东省交通运输厅、山东省农业农村厅、山东省商务厅、山东省文化和旅游厅、山东省海洋局	2022.01.07
	《长岛海洋生态文明综合试验区建设行动计划》	山东省发展和改革委员会	2022.02.24
	《海洋强省建设行动计划》	中共山东省委、山东省人民政府	2022.03.03
	《"十大创新""十强产业""十大扩需求"2022 年行动计划——现代海洋产业 2022 年行动计划》	山东省人民政府办公厅	2022.03.27
	《山东省船舶与海洋工程装备产业发展"十四五"规划》	山东省工业和信息化厅	2022.03.29
	《2022 年山东省海洋伏季休渔管理工作实施方案》	山东省农业农村厅	2022.04.19
	《山东省气象灾害应急预案》	山东省人民政府办公厅	2022.05.09
	《山东省海洋局关于推进海上光伏发电项目海域立体使用的通知》	山东省海洋局	2022.09.28
	《山东省海水淡化利用发展行动实施方案》	山东省海洋局、山东省发展和改革委员会	2022.10.25
	《〈国务院关于支持山东深化新旧动能转换推动绿色低碳高质量发展的意见〉分工落实方案》	山东省人民政府办公厅	2022.11.01
	《支持沿黄 25 县（市、区）推动黄河流域生态保护和高质量发展若干政策措施》	山东省人民政府办公厅	2022.11.09
	《山东省海洋高新技术产业开发区建设工作指引》	山东省科学技术厅	2022.12.09
	《山东省碳达峰实施方案》	山东省人民政府	2022.12.18
	《山东省自然灾害救助应急预案》	山东省人民政府办公厅	2022.12.19
青岛市	《青岛市促进航运产业高质量发展 15 条政策》	青岛市人民政府办公厅	2022.01.17
	《青岛市海洋牧场管理条例》	青岛市人民代表大会常务委员会	2022.01.21
	《青岛市支持海洋经济高质量发展 15 条政策》	青岛市人民政府办公厅	2022.01.24
	《青岛西海岸新区高质量发展行动方案（2022—2024）》	青岛市人民政府办公厅	2022.05.13
	《青岛市海上溢油应急能力建设规划（2021—2030 年）》	青岛市人民政府办公厅	2022.05.16

地区	文件名称	发布机构	发布时间
东营市	《东营市全面推行渔港港长制工作方案》	东营市人民政府办公室	2022.01.07
	《东营市2022年国民经济和社会发展计划》	东营市人民政府	2022.03.05
	《东营市海上搜救应急预案》	东营市人民政府办公室	2022.05.25
	《东营市海上溢油事件应急处置预案》	东营市人民政府办公室	2022.05.25
	《东营市海岸建筑退缩线(区)划定成果》	东营市人民政府	2022.10.10
烟台市	《烟台市海洋牧场管理条例》	烟台市人民代表大会常务委员会	2022.01.21
	《烟台市海洋牧场"百箱计划"项目三年行动方案》	烟台市人民政府办公室	2022.05.23
	《关于进一步支持长岛海洋生态文明综合试验区建设的若干政策措施》	烟台市人民政府	2022.07.05
	《烟台市海洋生态环境保护条例》	烟台市人民代表大会常务委员会	2022.09.21
潍坊市	《潍坊市"十四五"生态环境保护规划》	潍坊市人民政府	2022.01.12
	《潍坊市海洋牧场管理条例》	潍坊市人民代表大会常务委员会	2022.01.21
	《潍坊市养殖水域滩涂规划(2022—2030年)》	潍坊市人民政府办公室	2022.10.26
威海市	《关于修改威海市蓝碳经济发展行动方案(2021—2025年)的通知》	威海市人民政府办公室	2022.01.12
	《威海市海洋牧场管理条例》	威海市人民代表大会常务委员会	2022.01.22
	《威海市"十四五"科技创新规划》	威海市人民政府	2022.01.27
	《关于实施养殖渔船"双编"管理的意见》	威海市人民政府办公室	2022.06.25
日照市	《日照市海洋牧场管理条例》	日照市人民代表大会常务委员会	2022.01.21
	《日照市海上溢油事件应急处置预案》《日照市海上搜救应急预案》	日照市人民政府办公室	2022.04.15
	《日照市"十四五"自然资源保护和利用规划》	日照市人民政府	2022.02.16
滨州市	《滨州市"十四五"生态环境保护规划》	滨州市人民政府	2022.01.15
	《关于促进滨州市渔业产业高质量发展的实施意见》	滨州市人民政府办公室	2022.10.22

附录 2　主要专业术语

1. **海洋经济**：开发、利用和保护海洋的各类产业活动，以及与之相关联活动的总和。

2. **海洋产业**：开发、利用和保护海洋所进行的生产和服务活动。
主要包括以下四个方面：
——直接从海洋中获取产品的生产和服务活动；
——直接从海洋中获取产品的加工生产和服务活动；
——直接应用于海洋和海洋开发活动的产品生产和服务活动；
——利用海水或者海洋空间作为生产过程的基本要素所进行的生产和服务活动。

3. **海洋生产总值**：海洋经济生产总值的简称，指按市场价格计算的沿海地区常住单位在一定时期内海洋经济活动的最终成果，是海洋产业和海洋相关产业增加值之和。

4. **增加值**：按市场价格计算的常住单位在一定时期内生产与服务活动的最终成果。

5. **海洋科研教育**：包括海洋科学研究、海洋教育。

6. **海洋公共管理服务**：包括海洋管理、海洋社会团体基金会与国际组织、海洋技术服务、海洋信息服务、海洋地质勘查。

7. **海洋上游相关产业**：包括涉海设备制造、涉海材料制造。

8. **海洋下游相关产业**：包括涉海产品再加工、海洋产品批发与零售、涉海经营服务。

9. **海洋渔业：**包括海水养殖、海洋捕捞、海洋渔业专业及辅助性活动。

10. **海洋水产品加工业：**指以海水经济动植物为主要原料加工制成食品或其他产品的生产活动。

11. **海洋油气业：**在海洋中勘探、开采、输送、加工石油和天然气的生产和服务活动。

12. **海洋矿业：**指采选海洋矿产的活动，包括海岸带矿产资源采选、海底矿产资源采选，不包括海洋石油和天然气资源的开采活动。

13. **海洋盐业：**指利用海水（含沿海浅层地下卤水）生产以氯化钠为主要成分的盐产品的活动。

14. **海洋船舶工业：**包括海洋船舶制造、海洋船舶改装拆除与修理、海洋船舶配套设备制造、海洋航标器材制造等活动，不包括海洋工程类船舶、海洋科考船、海洋调查船制造和修理活动。

15. **海洋工程装备制造业：**指人类开发、利用和保护海洋活动中使用的工程装备和辅助装备的制造活动，包括海洋矿产资源勘探开发装备、海洋油气资源勘探开发装备、海洋风能与可再生能源开发利用装备、海水淡化与综合利用装备、海洋生物资源利用装备、海洋信息装备、海洋工程通用装备等海洋工程装备的制造及修理活动。

16. **海洋化工业：**指利用海盐、海洋石油、海藻等海洋原材料生产化工产品的活动。

17. **海洋药物和生物制品业：**指以海洋生物（包括其代谢产物）和矿物等物质为原料，生产药物、功能性食品以及生物制品的活动。

18. **海洋电力业**：指利用海洋风能、海洋能等可再生能源进行的电力生产活动。

19. **海水淡化与综合利用业**：包括海水淡化、海水直接利用和海水化学资源利用等活动。

20. **海洋交通运输业**：指以船舶为主要工具从事海洋运输以及为海洋运输提供服务的活动。

21. **海洋旅游业**：指以亲海为目的，开展的观光游览、休闲娱乐、度假住宿和体育运动等活动。